校企合作双元开发新形态信息化教材

高等职业教育“十四五”测绘工程技能型人才培养规划教材

GNSS定位测量技术

实训手册

主　编◎郭　涛　陈志兰　吴永春

副主编◎蓝善建　马　驰　周春枝

参　编◎李　娜　李文章　朱　涛

主　审◎吴士夫

校企合作

课　件

新形态一体化教材

微　课

西南交通大学出版社

·成　都·

图书在版编目（CIP）数据

GNSS 定位测量技术：含实训手册. 2，GNSS 定位测量技术实训手册 / 郭涛，陈志兰，吴永春主编. —成都：西南交通大学出版社，2022.8

校企合作双元开发新形态信息化教材. 高等职业教育“十四五”测绘工程技能型人才培养规划教材

ISBN 978-7-5643-8880-5

Ⅰ. ①G… Ⅱ. ①郭… ②陈… ③吴… Ⅲ. ①卫星导航－全球定位系统－高等职业教育－教材 Ⅳ. ①P228.4

中国版本图书馆 CIP 数据核字（2022）第 157948 号

目录
CONTENTS

实训 1　GNSS 接收机认识和使用

1. 实验目的与要求

接收机简介

（1）初步了解 GNSS 接收机的构造；

（2）掌握 GNSS 接收机的操作方法和基本功能，初步掌握仪器的安置方法。

2. 仪器与工具

（1）GNSS 接收机 6 台（2 套）；

（2）记录纸、铅笔、计算器等工具自备。

3. 实训内容

本次实训以南方 S86 GNSS 接收机为例，学习和掌握 GNSS 接收机各部件名称和作用，学习仪器的安置、调试以及开关机的操作方法。

4. 实验方法与步骤

1）GNSS 接收机的构造及使用方法

（1）按键及指示灯。

开机键，作用为开机、关机、确定修改项目、选择修改内容。

F1、F2 键，作用为选择修改项目和返回上级接口。

DATA 灯，为数据传输灯，按接收或发射间隔闪烁。

REC 灯，为数据传输灯，静态采集时按采集间隔闪烁

DT 灯，为蓝牙灯，常亮指示蓝牙连接正常

PWR 灯，为电源指示灯，常亮电量正常，闪烁提示电量不足。

（2）接口及用法。

七针数据口：USB 传输接口，具备 OTG 功能，可外接 U 盘。

五针外接电源口、差分数据口：作为电源接口使用，可外接移动电源、大电瓶等供电设备；作为串口输出接口使用。

两针电源口：CH/BAT 为主机电池充电接口。

（3）工作模式设置。

点击功能键 F1 或 F2 进入 S86 设置界面，如图 1-1 所示，包括设置工作模式、设置数据链、系统配置、配置无线网络、电台状态信息、进入模块设置模式、关闭主机、退出。

按功能键或键右移选择框，选中“设置工作模式”后，按 ⏻ 确定进入设置工作模式，进入模式选择界面，如图 1-2 所示。

图 1-1　S86 设置界面

图 1-2　设置工作模式

按 F1 或 F2 键可选择静态模式、基准站模式、移动站模式以及返回设置。

（4）设置数据链。

数据链有以下选项：内置电台、移动网络、蓝牙数据链、Wi-Fi 数据链、外接模块、关闭数据链、返回主菜单（图 1-3 ~ 图 1-5）。按 F1 或 F2 键右移选择框，按电源键确定所选模式。

内置电台：按 F1 或 F2 键切换到修改界面，按电源键选择修改可以设置通道、空中速率、通信协议、电台功率。

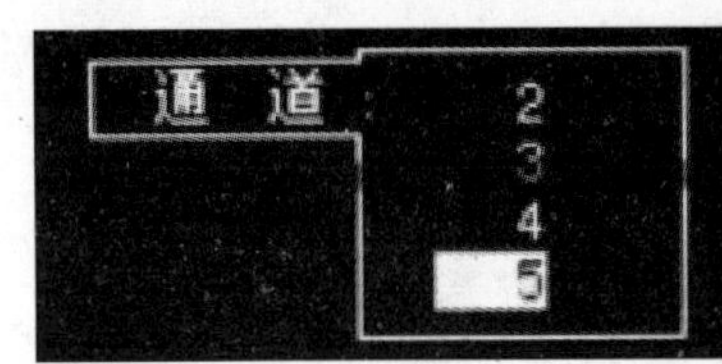

图 1-3　设置内置电台

图 1-4　设置移动网络

图 1-5　设置双发射

移动网络：通过手机卡连接上蜂窝移动通信网络，进行差分数据的传输

双发射（仅基准站）：主机既通过外置电台发射信号，同时也通过手机卡连接蜂窝移动通信网络传输差分数据。

Wi-Fi 数据链：通过连接 Wi-Fi 接入互联网来进行差分数据的传输。Wi-Fi 扫描连接通过手簿的工程之星软件实现。

外接模块：当选用外接电台时用选择该选项。

关闭数据链：关闭所有差分传输链路，开发、定制时会使用到该功能，一般不使用。

2）实训步骤

（1）集中听指导教师讲解和演示，熟悉各部件的功能及使用方法；

（2）将仪器取出，安置在脚架上，正确连接电源线、天线信号传输线，量取仪器高度等；

（3）检查确认无误，打开电源，输入测站编号、仪器高，选取采样适当的间隔及卫星高度角，确认；

（4）熟悉接收机显示屏上面显示的各种数据的含义，掌握各功能键的作用和使用方法，观测 50 min，按电源键关机。

5. 注意事项

（1）GNSS 接收机是精密电子设备，一定要轻拿轻放，装仪器的旅行箱要用手提起，避免拖拉行进；

（2）严格按照操作程序进行，在接通电源之前认真检查各种线路是否连接正确，以防烧毁部件；

（3）仪器开箱后，仔细观察仪器在箱中的摆放位置，以便装箱时能顺利装入。

学习心得

实训 2　GNSS 测量技术设计

1. 实验目的与要求

（1）了解 GNSS 网型设计及点位选择的方法；

（2）掌握 GNSS 控制测量技术设计书编写的内容。

2. 仪器与工具

（1）GNSS 接收机 6 台（2 套）；

（2）记录纸、铅笔、计算器等工具自备。

3. 实训内容

学习和掌握 GNSS 测量技术设计、选点、外业观测计划、外业观测、数据传输及格式转换、基线解算、网平差。

4. 实验方法与步骤

1）任务来源及工作量

包括 GNSS 测量项目的来源、下达任务的项目、用途及意义；GNSS 测量点的数量（包括新定点数、约束点数、水准点数、检查点数）；GNSS 点的精度指标及坐标、高程系统。

2）测区概况

测区隶属的行政管辖；测区范围的地理坐标，控制面积；测区的交通状况和人文地理；测区的地形及气候状况；测区控制点的分布及对控制点的分析、利用和评价。

3）布网方案

GNSS 网点的图形及基本连接方法；GNSS 网结构特征的测算；点位布设图的绘制。

4）选点与埋标

GNSS 点位的基本要求，点位标志的选用及埋设方法；点位的编号等。

5）观　测

对观测工作的基本要求；观测纲要的制定；对数据采集提出注意事项。

6）数据处理

数据处理的基本方法及使用的软件；起算点坐标的决定方法，闭合差检验及点位精度的评定指标。

7）完成任务的措施

要求措施具体，方法可靠，能在实际工作中贯彻执行。

5. 上交资料

（1）测量任务书、技术设计书；

（2）点之记、选点资料；

（3）GNSS 接收机、气象的检验资料；

（4）全部外业观测记录、测量手簿及其他记录；

（5）数据处理中生成的文件、资料和成果表；

（6）平面控制网图；

（7）技术总结和成果验收报告。

实训 3　GNSS 测量的踏勘、选点及制作点之记

1. 实验目的与要求

（1）掌握 GNSS 测量的踏勘内容；

（2）熟悉 GNSS 测量点的选取原则；

（3）重点掌握点之记的制作方法。

2. 仪器与工具

（1）GNSS 点之记表格；

（2）记录纸、铅笔、计算器等工具自备。

3. 实训内容

（1）对选定实训区域的踏勘内容进行现场踏勘和资料收集，包括原有控制点情况、自然地理条件、气象情况等；

（2）根据 GNSS 选点原则，结合实训区域实际情况进行选点，并模拟埋石；

（3）对所选的控制点制作点之记。

4. 实验方法与步骤

（1）对实训区域进行现场踏勘，通过对原有测绘资料进行分析，现场寻找已有控制点的点位及记录现状；

（2）对本区域的自然地理条件、气象情况进行有针对性的整理。

5. 上交资料

（1）现场踏勘记录；

（2）点之记表。

附表：GNSS点点之记表

______________项目GNSS点点之记

日期：　　年　　月　　日

<table>
<tr><td colspan="2" rowspan="2">GNSS点</td><td colspan="2">点名</td><td colspan="2"></td><td colspan="2" rowspan="2">等级</td><td rowspan="2"></td><td rowspan="2">标石类型</td><td rowspan="2"></td></tr>
<tr><td colspan="2">点号</td><td colspan="2"></td></tr>
<tr><td>地类</td><td colspan="2"></td><td colspan="2">土质</td><td></td><td colspan="2">冻土深度</td><td></td><td>解冻深度</td><td></td></tr>
<tr><td>供电情况</td><td colspan="5"></td><td colspan="2">最近水源及距离</td><td></td><td>沙石来源</td><td></td></tr>
<tr><td rowspan="6">相邻点</td><td colspan="2">点号</td><td colspan="3">点名</td><td colspan="2">距离</td><td>通视否</td><td>测站类型</td><td>标石说明</td></tr>
<tr><td colspan="2"></td><td colspan="3"></td><td colspan="2"></td><td></td><td></td><td></td></tr>
<tr><td colspan="2"></td><td colspan="3"></td><td colspan="2"></td><td></td><td></td><td></td></tr>
<tr><td colspan="2"></td><td colspan="3"></td><td colspan="2"></td><td></td><td></td><td></td></tr>
<tr><td colspan="2"></td><td colspan="3"></td><td colspan="2"></td><td></td><td></td><td></td></tr>
<tr><td colspan="2"></td><td colspan="3"></td><td colspan="2"></td><td></td><td></td><td></td></tr>
<tr><td colspan="3">所在地</td><td colspan="8"></td></tr>
<tr><td colspan="3">交通路线</td><td colspan="8"></td></tr>
<tr><td colspan="3" rowspan="2">所在图幅</td><td colspan="4" rowspan="2"></td><td colspan="2" rowspan="2">概略位置</td><td>X</td><td>Y</td></tr>
<tr><td>B</td><td>L</td></tr>
<tr><td colspan="11">（略图）</td></tr>
</table>

实训 4　GNSS 静态数据采集

1. 实验目的与要求

（1）了解 GNSS 测量的踏勘、选点及绘制点之记的方法；

（2）掌握 GNSS 接收机的操作方法和基本功能；

（3）掌握 GNSS 静态定位外业观测方法和过程。

2. 仪器与工具

每组一台 GNSS 接收机，记录纸、铅笔、计算器等工具自备；点之记、外业观测表见附表。

3. 实训内容

通过布设、观测 GNSS 平面控制网，掌握 GNSS 接收机野外静态数据采集的测量方法、过程及注意事项；实训过程中应理解 GNSS 控制网的同步环、异步环等的构网思想。

4. 实验方法与步骤

1）踏勘、选点

在测区内选择 GNSS 控制点，选点时注意事项：

（1）点位应设在易于安装接收设备、视野开阔的较高点上；

（2）点位目标要显著，视场周围 15°以上不应有障碍物，以减少 GNSS 信号被遮挡或障碍物吸收；

（3）点位应远离大功率无线电发射源（如电视机、微波炉等）以避免电磁场对 GNSS 信号的干扰；

（4）点位附近不应有大面积水域或不应有强烈干扰卫星信号接收的物体，以减弱多路径效应的影响；

（5）点位应选在交通方便，有利于其他观测手段扩展与联测的地方；

（6）地面基础稳定，易于点的保存；

（7）网形应有利于同步观测边、点联结；

（8）当利用旧点时，应对旧点的稳定性、完好性，以及觇标是否安全可用作统一检查，符合要求方可利用。

2）观　测

对选好的控制网做两个时段的同步观测，量取仪器高，填写观测记录；所有接收机按要求同时关机、开机，并同步观测 40 min。

3）数据传输，利用软件传输数据

（1）计算机设置：新建文件夹。

（2）设置：GNSS 设置采样频率和卫星高度角；

通信：对通信接口和波特率进行设置；

开始连接；

传输数据。

5. 注意事项

（1）不得随意开关机，避免在高楼脚下、高压线下和有反射物的地方设站。

（2）及时作好观测记录。

（3）不得在接收机旁使用通信设备。

（4）观测时正常是电源灯长亮，REC 灯按设置的采样间隔闪烁。

（5）观测时每 5 min 看一次接收机灯是否正常，如有问题必须通知指导老师。

6. 上交资料

（1）符合质量要求的 GNSS 静态采集数据；

（2）实训报告。实训报告详细说明 GNSS 野外作业方法，包括仪器安置、开关机、搜索卫星、显示锁定卫星数量、量测天线高、指示灯含义、测站记录内容等；GNSS 控制网的选点方法和观测方法及数据传输。

实训 5　GNSS 静态数据处理

1. 实验目的与要求

（1）了解 GNSSadj 软件的功能与布局；

（2）掌握 GNSSadj 的操作方法和基本功能；

（3）掌握 GNSS 静态数据处理的方法与过程。

2. 仪器与工具

每组一台 GNSS 接收机，记录纸、铅笔、计算器等工具自备；点之记、外业观测表，GNSSadj 软件，计算机。

3. 实训内容

通过实践操作 GNSSadj 数据处理软件，掌握 GNSSadj 静态数据处理的方法、过程及注意事项；实训过程中理解 GNSS 控制网的同步环、异步环、无约束平差、约束平差等的构网思想。

4. 实验方法与步骤

1）实验准备

实验开始前，在实验教师的指导下，将 GNSS 接收机的主机搬至机房，在电脑上安装南方 GNSSadj 软件。

2）数据传输

开启 GNSS 接收机的主机电源，通过专用 USB 数据线将 GNSS 接收机主机的 COM 端口与电脑的 USB 端口进行连接。然后，打开我的电脑窗口，再进入识别后的 GNSS 接收机存储盘目录，找到文件修改日期为当前实验日期的 STH 文件，再将刚才的 STH 文件选中后拷贝到电脑的指定目录中。完成后，将 USB 数据线从 GNSS 接收机主机上拔下，关闭 GNSS 接收机电源。注意，在插拔 USB 数据线时，应在实验教师的指导下进行，注意插口的方向性，小心操作，避免损伤接口内的数据针。

3）GNSS 静态数据处理

打开南方 GNSSadj 软件，进入到软件主界面，按照操作流程，对导出的数据进行处理。具体工作流程如下：

第一步：在南方 GNSSadj 中新建项目，如图 5-1 所示。

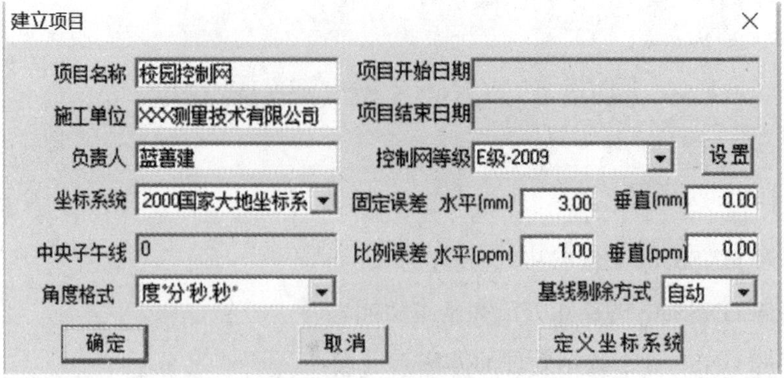

建立项目

项目名称 校园控制网 项目开始日期
施工单位 XXX测量技术有限公司 项目结束日期
负责人 蓝善建 控制网等级 E级-2009 设置
坐标系统 2000国家大地坐标系 固定误差 水平(mm) 3.00 垂直(mm) 0.00
中央子午线 0 比例误差 水平(ppm) 1.00 垂直(ppm) 0.00
角度格式 度°分′秒.秒″ 基线剔除方式 自动
确定 取消 定义坐标系统

图 5-1　新建项目

在对话框中按照要求填入“项目名称”“施工单位”“负责人”，选择相应的“坐标系统”“控制网等级”“基线剔除方式”，最后点击“确定”按钮，完成操作。这里你可以自定义坐标系，单击“定义坐标系”，出现图 5-2 所示对话框。设置坐标系时若是自定义坐标系点击“自定义坐标系统”按钮，根据“椭球”和“投影”中的配置完成自定义坐标系。

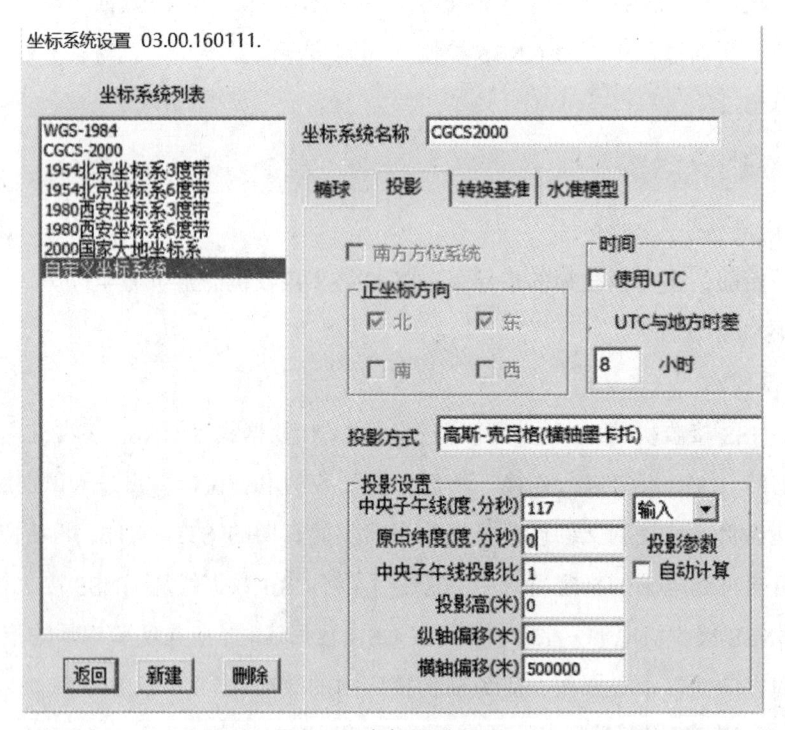

图 5-2　坐标系统设置

需要说明的是：以前版本的基线处理软件要求在定义坐标系时输入中央子午线经度，而新软件自动默认三度带或六度带中央子午线经度，不必再输入中央子午线经度。若是地方中央子午线，可用自定义坐标系，中央子午线经度在对话框中输入。

第二步：导入外业采集数据。如图 5-3 所示，点击“增加观测数据文件”导入数据，弹出对话框见图 5-4，最后点击“确认”得到图 5-5。

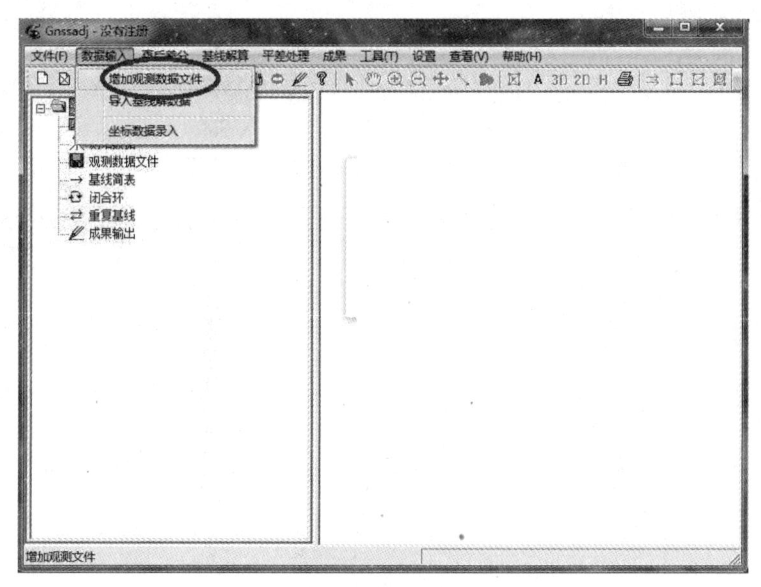

图 5-3　数据输入

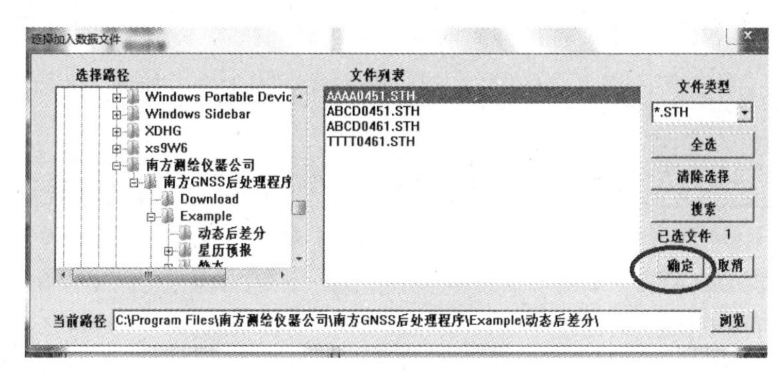

图 5-4　加入数据文件

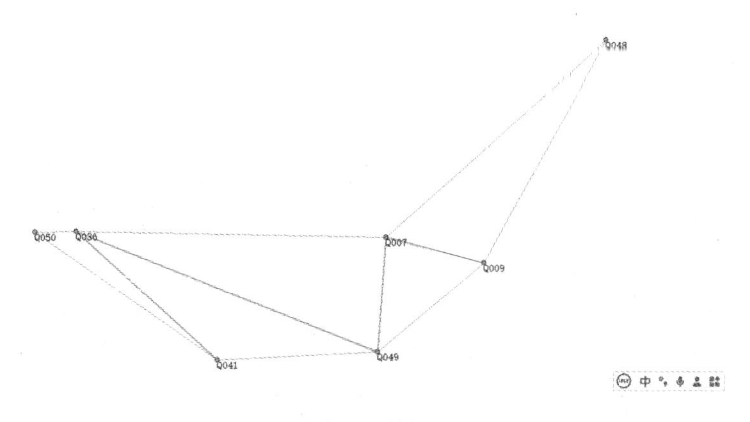

图 5-5　导入数据后网图

第三步：检查数据。

（1）剔除多余文件。打开观测数据文件列表，查看各测站的观测时间、同步时间、天线高等数据是否正确。如图 5-6 所示，查看各测站的开始时间和结束时间，判断是否存在多余的观测文件。如果该测站的观测开始时间至结束时间只有几十秒或者几分钟，则为多余文件。

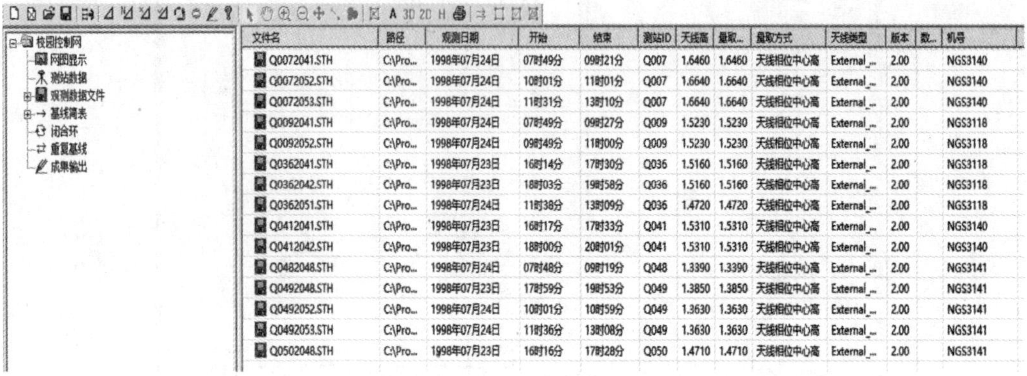

校园控制网
网图显示
测站数据
观测数据文件
基线简表
闭合环
重复基线
成果输出

文件名	路径	观测日期	开始	结束	测站ID	天线高	量取...	量取方式	天线类型	版本	数...	机号
Q0072041.STH	C:\Pro...	1998年07月24日	07时49分	09时21分	Q007	1.6460	1.6460	天线相位中心高	External_...	2.00		NGS3140
Q0072052.STH	C:\Pro...	1998年07月24日	10时01分	11时01分	Q007	1.6640	1.6640	天线相位中心高	External_...	2.00		NGS3140
Q0072053.STH	C:\Pro...	1998年07月24日	11时31分	13时10分	Q007	1.6640	1.6640	天线相位中心高	External_...	2.00		NGS3140
Q0092041.STH	C:\Pro...	1998年07月24日	07时49分	09时27分	Q009	1.5230	1.5230	天线相位中心高	External_...	2.00		NGS3118
Q0092052.STH	C:\Pro...	1998年07月24日	09时49分	11时00分	Q009	1.5230	1.5230	天线相位中心高	External_...	2.00		NGS3118
Q0362041.STH	C:\Pro...	1998年07月23日	16时14分	17时30分	Q036	1.5160	1.5160	天线相位中心高	External_...	2.00		NGS3118
Q0362042.STH	C:\Pro...	1998年07月23日	18时03分	19时58分	Q036	1.5160	1.5160	天线相位中心高	External_...	2.00		NGS3118
Q0362051.STH	C:\Pro...	1998年07月24日	11时38分	13时09分	Q036	1.4720	1.4720	天线相位中心高	External_...	2.00		NGS3118
Q0412041.STH	C:\Pro...	1998年07月23日	16时17分	17时33分	Q041	1.5310	1.5310	天线相位中心高	External_...	2.00		NGS3140
Q0412042.STH	C:\Pro...	1998年07月23日	18时00分	20时01分	Q041	1.5310	1.5310	天线相位中心高	External_...	2.00		NGS3140
Q0482048.STH	C:\Pro...	1998年07月24日	07时48分	09时19分	Q048	1.3390	1.3390	天线相位中心高	External_...	2.00		NGS3141
Q0492048.STH	C:\Pro...	1998年07月23日	17时59分	19时53分	Q049	1.3850	1.3850	天线相位中心高	External_...	2.00		NGS3141
Q0492052.STH	C:\Pro...	1998年07月24日	10时01分	10时59分	Q049	1.3630	1.3630	天线相位中心高	External_...	2.00		NGS3141
Q0492053.STH	C:\Pro...	1998年07月24日	11时36分	13时08分	Q049	1.3630	1.3630	天线相位中心高	External_...	2.00		NGS3141
Q0502048.STH	C:\Pro...	1998年07月23日	16时16分	17时28分	Q050	1.4710	1.4710	天线相位中心高	External_...	2.00		NGS3141

图 5-6　检查数据

如图 5-7 所示，该观测文件的开始时间至结束时间只有 1 分钟，即为多余文件，则删去。选中该文件，按下键盘上的 DEL 键，删去该观测文件，如图 5-8 所示。

文件名	路径	观测日期 △	开始	结束
A2010842.STH	C:\...	2019年03月25E	08时18分	09时05分
A2030843.STH	C:\...	2019年03月25E	09时17分	09时48分
K01708418.STH	C:\...	2019年03月25E	09时18分	09时48分
A2020840C.STH	C:\...	2019年03月25E	08时25分	09时07分
A20208416.STH	C:\...	2019年03月25E	09时12分	09时48分
K01708409.STH	C:\...	2019年03月25E	08时19分	09时07分
A2040858N.STH	C:\...	2019年03月26E	16时46分	17时18分
A2030854.STH	C:\...	2019年03月26E	16时45分	17时19分
K0170854.STH	C:\...	2019年03月26E	16时25分	17时18分
A201086FB.STH	C:\...	2019年03月27E	15时23分	15时24分
K01708673.STH	C:\...	2019年03月27E	15时07分	16时09分
K0180861.STH	C:\...	2019年03月27E	15时28分	16时09分
A201086FC.STH	C:\...	2019年03月27E	15时26分	16时09分

图 5-7　多余观测文件

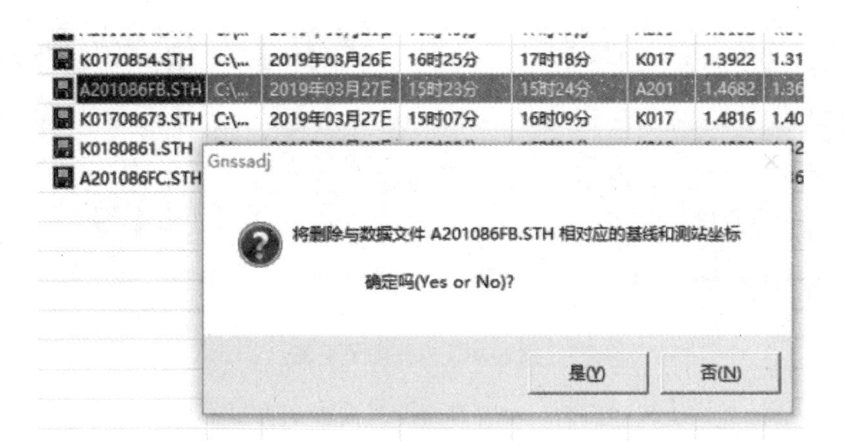

图 5-8　删除多余文件

（2）修改观测文件名称。从接收机导出的部分观测文件，因为各种因素未能按照命名规则命名，必须要进行统一修改，为后续的数据处理和归档提供便利。

观测文件命名（8 字符）：测站编号（4 字符）+ 年积日（3 字符）+ 时段编号（1 字符）。

例如：图 5-8 中的 A201086FB.STH 文件命名不规范，必须要统一修改。

首先，点击观测日期、开始时间栏目，按照观测日期和开始时间的先后进行排序（图 5-9）。根据观测日期、开始时间和结束时间，判断所对应的观测文件的观测时段编号。例如：图 5-9 中的 A10108211B.STH、0K2008218B.STH 和 0K1908281K.STH 三个观测文件是在 2019 年 3 月 23 日 08 时 42 分至 09 时 19 分进行观测的，属于同步时段，按照时间次序，为第 1 时段。依次类推，分别找出第 2 时段、第 3 时段和第 4 时段。

文件名	路径	观测日期	开始	结束	测站ID
A10108211B.STH	G:\...	2019年03月23E	08时24分	09时20分	A101
0K2008218B.STH	G:\...	2019年03月23E	08时24分	09时19分	0K20
0K1908281K.STH	G:\...	2019年03月23E	08时42分	09时19分	0K19
0K19082921.STH	G:\...	2019年03月23E	09时59分	10时40分	0K19
A1010822A0.STH	G:\...	2019年03月23E	10时00分	10时40分	A101
A1020822A0.STH	G:\...	2019年03月23E	10时01分	10时39分	A102
0K170823AQ.STH	G:\...	2019年03月23E	10时54分	11时29分	0K17
A1030823AR.STH	G:\...	2019年03月23E	10时54分	11时32分	A103
A1020823AQ.STH	G:\...	2019年03月23E	10时54分	11时31分	A102
A1030824BJ.STH	G:\...	2019年03月23E	11时38分	12时26分	A103
0K170824BJ.STH	G:\...	2019年03月23E	11时39分	12时25分	0K17
A1040824BJ.STH	G:\...	2019年03月23E	11时40分	12时24分	A104

第 1 时段

第 2 时段

第 3 时段

第 4 时段

图 5-9　观测文件列表

其次，查看原始的外业记录手簿（图 5-10），核对一下测站 ID 与软件中的附表二中的测站点号是否一致。

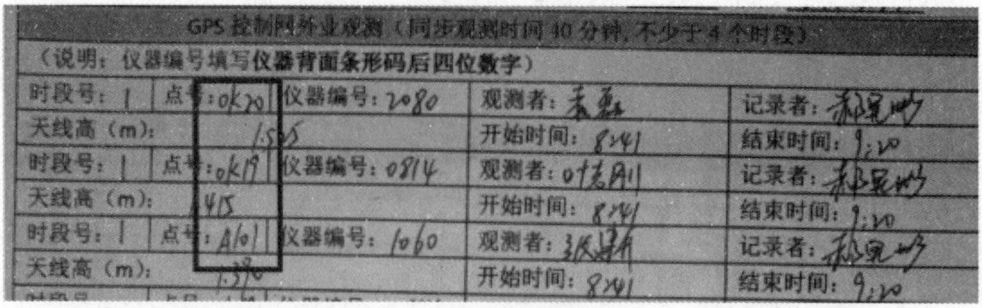

GPS 控制网外业观测（同步观测时间 40 分钟，不少于 4 个时段）				
（说明：仪器编号填写仪器背面条形码后四位数字）				
时段号：1	点号：0K20	仪器编号：2080	观测者：[illegible]	记录者：[illegible]
天线高（m）：	1.505		开始时间：8:41	结束时间：9:20
时段号：1	点号：0K19	仪器编号：0814	观测者：[illegible]	记录者：[illegible]
天线高（m）：	1.415		开始时间：8:41	结束时间：9:20
时段号：1	点号：A101	仪器编号：1060	观测者：[illegible]	记录者：[illegible]
天线高（m）：	1.390		开始时间：8:41	结束时间：9:20

图 5-10　外业记录手簿

再次，修改观测文件的命名。打开观测文件所在的目录，找到相应的文件，重命名该观测文件，如图 5-11 所示。

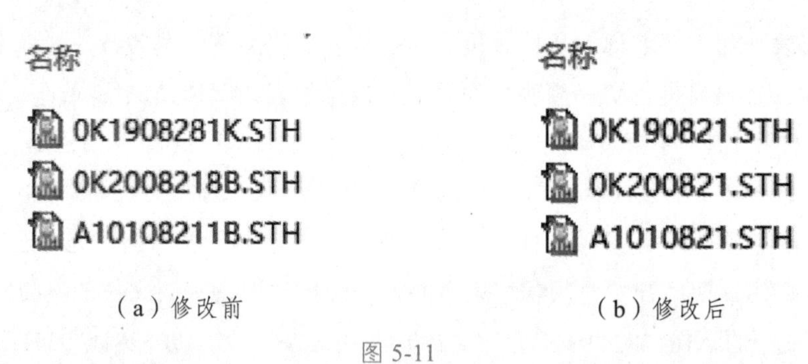

（a）修改前　　（b）修改后

图 5-11

最后，根据上述的修改方法依次修改所有的观测文件（图 5-12）。

名称	修改日期	类型
0K190821.STH	2019/3/23 9:19	STH 文件
0K200821.STH	2019/3/23 9:19	STH 文件
A1010821.STH	2019/3/23 9:20	STH 文件
0K190822.STH	2019/3/23 10:39	STH 文件
A1020822.STH	2019/3/23 10:39	STH 文件
A1010822.STH	2019/3/23 10:40	STH 文件
0K170823.STH	2019/3/23 11:29	STH 文件
A1020823.STH	2019/3/23 11:31	STH 文件
A1030823.STH	2019/3/23 11:32	STH 文件
A1040824.STH	2019/3/23 12:24	STH 文件
0K170824.STH	2019/3/23 12:25	STH 文件
A1030824.STH	2019/3/23 12:25	STH 文件

图 5-12　修改后的观测文件列表

如果修改后的观测文件比较多，建议回到第一步，重新新建一个项目，将修改后的观测文件导入项目，继续第一步和第二步。

第四步：基线解算。

如图 5-13 所示，核对一下同步基线的网形与软件中的附表二中的设计网形是否一致，如果操作步骤正确，网形应该完全一致，如果不一致，则需要检查第三步修改观测文件的操作是否正确。

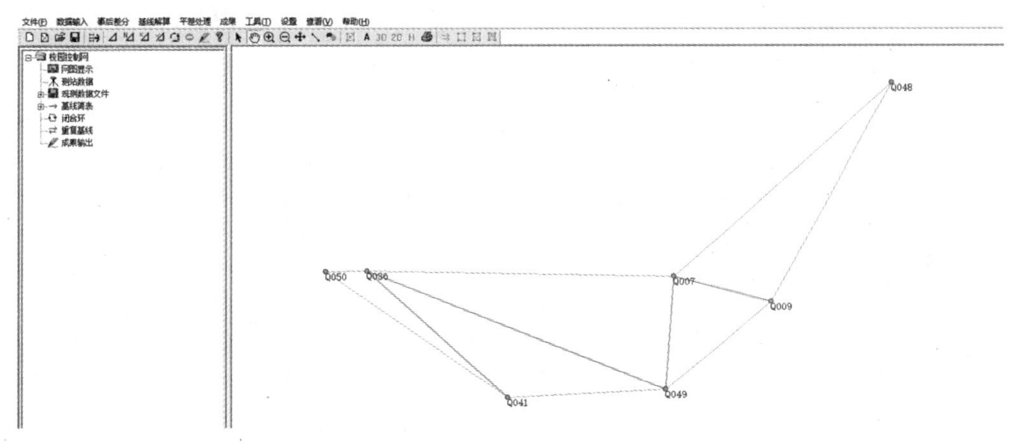

图 5-13　同步基线处理

如图 5-14 所示，点击菜单“基线解算”栏中的静态基线处理设置，进行同步基线的处理设置。

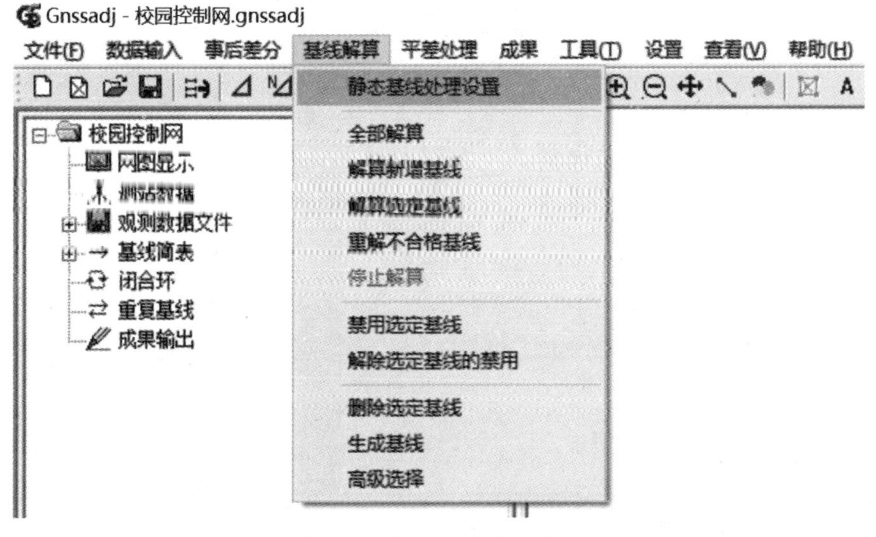

图 5-14　静态基线出来设置

如图 5-15 所示，基线解算设置作用选择：全部基线；合格解选择：双差固定解，方差比大于 3。高度截止角一般设置为 15°，粗差容忍系数 3.5。

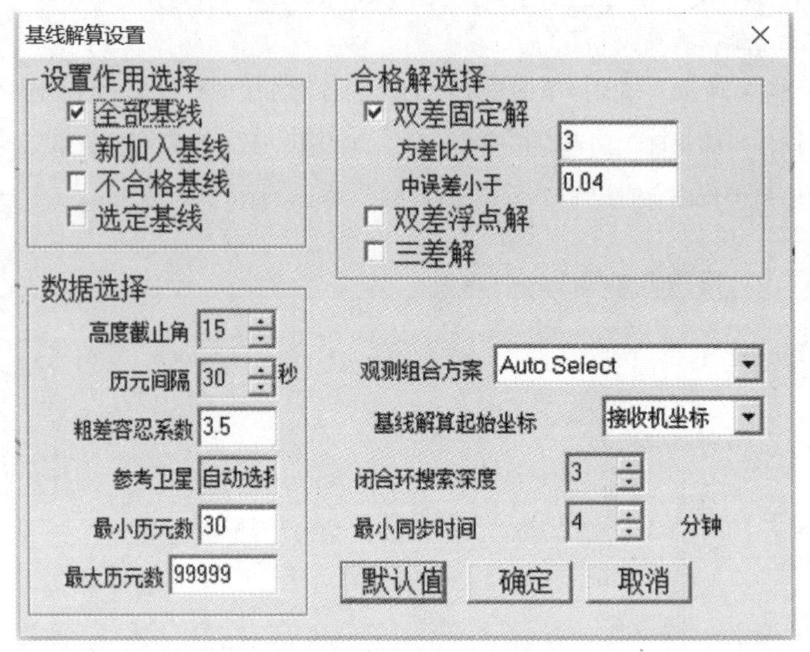

图 5-15　基线解算设置

设置完成后点击“全部解算”，如图 5-16 所示。

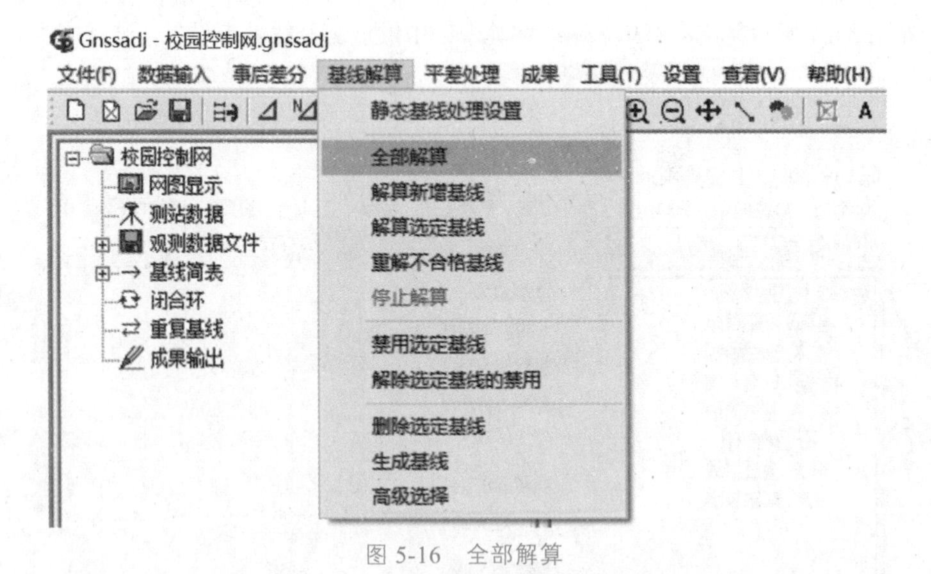

图 5-16　全部解算

这个过程根据数据量的大小，会有一定等待时间，软件会逐条处理同步基线，可以根据基线颜色的变化，判断基线处理情况。未处理的基线是绿色，如果基线解算合格，则显示为红色（图 5-17）；如果基线解算不合格，则显示为灰色。

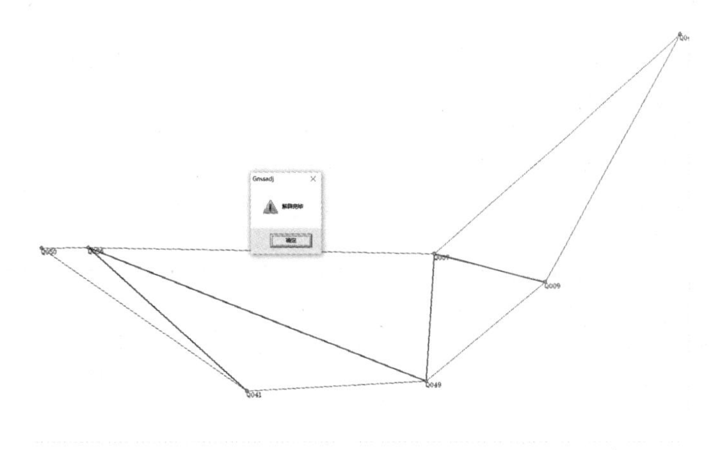

图 5-17　基线解算结果

第五步：处理不合格基线。

双击不合格的基线（灰色基线），即可打开基线属性框（图 5-18），在这里修改相应的解算参数，例如：可以调整高度截止角、历元间隔、观测组合方案等。修改各项参数后，再次点击解算按钮，重新处理该条基线。注意观测方差比变化情况，如果方差比大于 3，则基线合格，如果小于 3，则不合格。每次修改参数后，重新解算，观察方差比数值的变化，直至大于 3 为止。

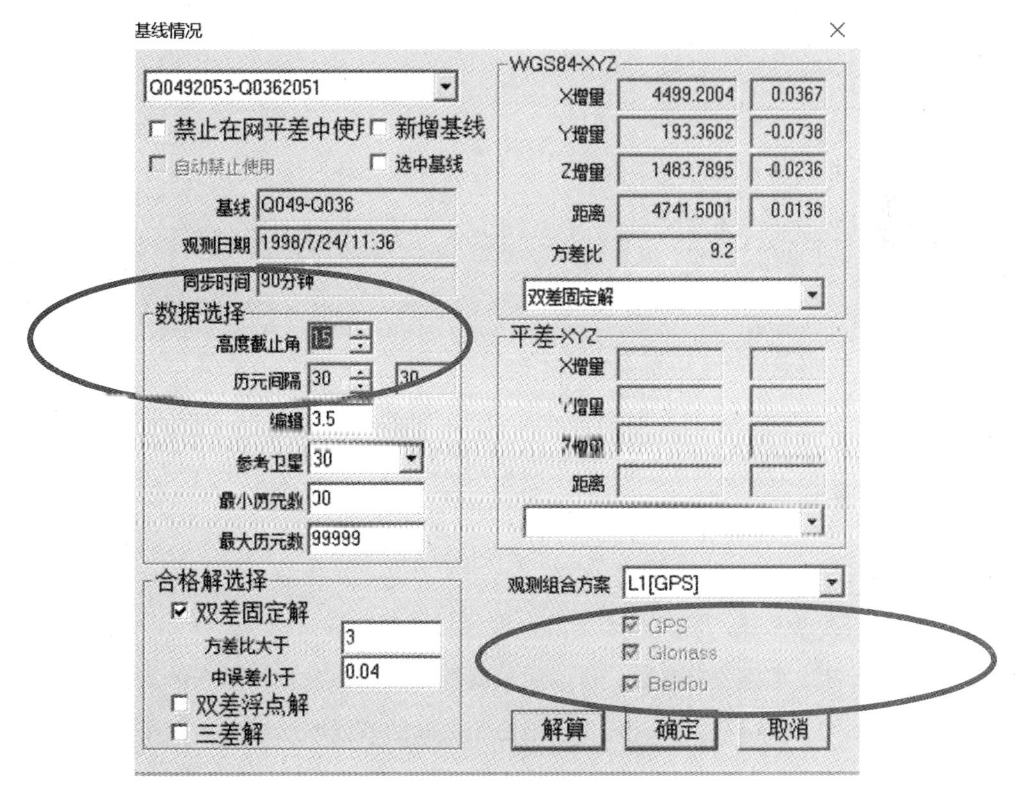

图 5-18　处理不合格基线

如果处理后基线仍然不合格，则需要将该条基线禁用，基线属性框中勾选“禁止在网平差中使用”选项。

第六步：处理闭合环和重复基线。

（1）处理闭合环

打开闭合环列表，查看闭合环的质量情况，是否存在超限等不合格的闭合环。

如图 5-19 所示，总共有 16 个闭合环，其中异步环 11 个，同步环 5 个，观察每个闭合环的质量栏，如果显示的是“×超限”，则该闭合环闭合差不合格，需要调整。如果显示的是“检查”或“合格”，则满足要求。

校园控制网
网图显示
测站数据
观测数据文件
基线简表
闭合环
1 Q048 Q007 Q009
2 Q048 Q007 Q009
3 Q049 Q007 Q009
4 Q049 Q007 Q009
5 Q049 Q007 Q009
6 Q049 Q007 Q009
7 Q049 Q036 Q007
8 Q049 Q036 Q007
9 Q049 Q036 Q007
10 Q049 Q036 Q007
11 Q049 Q036 Q041
12 Q049 Q036 Q041
13 Q049 Q036 Q041
14 Q049 Q036 Q041
15 Q050 Q036 Q041
16 Q050 Q036 Q041
重复基线
成果输出

环号	环形	质量	环中基线	观测时间	环总长	X闭合差...	Y闭合差m...	Z闭合差m...	边长闭合...	相对误差	分量限差(...	闭合限差(...
1	同步环	检查	共3条基线	07月24日07时	9390.932	-4.2703	-1.5898	18.1379	18.7016	1.991Ppm	22.53	39.02
4	同步环	检查	共3条基线	07月24日09时	5165.154	2.4723	-11.8865	-7.1009	14.0650	2.723Ppm	17.97	31.13
1...	同步环	检查	共3条基线	07月24日11时	10912.1...	0.0057	-2.3513	2.5422	3.4629	0.317Ppm	24.50	42.43
1...	同步环	合格	共3条基线	07月23日18时	9829.652	0.1706	-1.1817	0.8990	1.4945	0.152Ppm	23.08	39.98
1...	同步环	合格	共3条基线	07月23日16时	6628.163	0.0969	0.9187	1.2489	1.5534	0.234Ppm	19.36	33.53
2	异步环	× 超限	共3条基线	07月24日09时	9390.931	0.5140	-25.3518	2.8354	25.5150	2.717Ppm	22.53	39.02
3	异步环	合格	共3条基线	07月24日09时	5165.155	-2.3120	11.8755	8.2016	14.6164	2.830Ppm	17.97	31.13
5	异步环	合格	共3条基线	07月24日11时	5165.154	-8.3715	9.1624	8.7861	15.2062	2.944Ppm	17.97	31.13
6	异步环	合格	共3条基线	07月24日11时	5165.152	-3.5871	-14.5995	-6.5164	16.3853	3.172Ppm	17.97	31.13
7	异步环	合格	共3条基线	07月24日11时	10912.1...	-3.0020	12.4153	23.8790	27.0806	2.482Ppm	24.50	42.43
8	异步环	合格	共3条基线	07月24日11时	10912.1...	-6.0538	-5.0644	3.1267	8.4895	0.778Ppm	24.50	42.43
9	异步环	合格	共3条基线	07月24日11时	10912.1...	3.0574	15.1284	23.2946	27.9437	2.561Ppm	24.50	42.43
1...	异步环	合格	共3条基线	07月23日18时	9829.651	-0.7631	13.5274	4.6922	14.3384	1.459Ppm	23.08	39.98
1...	异步环	合格	共3条基线	07月24日11时	9829.661	-3.8148	-3.9523	-16.0601	16.9735	1.727Ppm	23.08	39.98
1...	异步环	合格	共3条基线	07月24日11时	9829.662	-2.8811	-18.6614	-19.8533	27.3989	2.787Ppm	23.08	39.98
1...	异步环	合格	共3条基线	07月23日18时	6628.163	1.0307	-13.7903	-2.5443	14.0609	2.121Ppm	19.36	33.53

图 5-19 闭合环列表

单击不合格闭合环环号左侧的“+”号，展开闭合环所涉及的基线列表（图 5-20），如 2 号异步环涉及了三条基线。

环号	环形	质量	环中基线	观测时间	环总长	X闭合差...	Y闭合差m...	Z闭合差m...	边长闭合...	相对误差	分量限差(...	闭合限差(...
1	同步环	检查	共3条基线	07月24日07时	9390.932	-4.2703	-1.5898	18.1379	18.7016	1.991Ppm	22.53	39.02
4	同步环	检查	共3条基线	07月24日09时	5165.154	2.4723	-11.8865	-7.1009	14.0650	2.723Ppm	17.97	31.13
1...	同步环	检查	共3条基线	07月24日11时	10912.1...	0.0057	-2.3513	2.5422	3.4629	0.317Ppm	24.50	42.43
1...	同步环	合格	共3条基线	07月23日18时	9829.652	0.1706	-1.1817	0.8990	1.4945	0.152Ppm	23.08	39.98
1...	同步环	合格	共3条基线	07月23日16时	6628.163	0.0969	0.9187	1.2489	1.5534	0.234Ppm	19.36	33.53
2	异步环	× 超限	共3条基线	07月24日09时	9390.931	0.5140	-25.3518	2.8354	25.5150	2.717Ppm	22.53	39.02
→			Q0092041-Q048...	1998年07月2...	3639.190	-1324.7260	-1998.0803	2737.9704	固定解			
→			Q0072041-Q048...	1998年07月2...	4272.544	-2763.4156	-2163.5745	2436.6201	固定解			
→			Q0092052-Q007...	1998年07月2...	1479.196	1438.6901	165.4688	301.3531	固定解			

图 5-20 闭合环所对应的基线

依次选取各条基线，双击该条基线，即可打开基线属性框（图 5-21），按照修改不合格基线的方法，调整各项参数，修改后单击解算按钮，重新解算该条基线。说明：因闭合环是由不同基线组成，闭合环不合格是相关联的基线图形结构上存在问题，处理方法仍然是调整基线的相关指标。

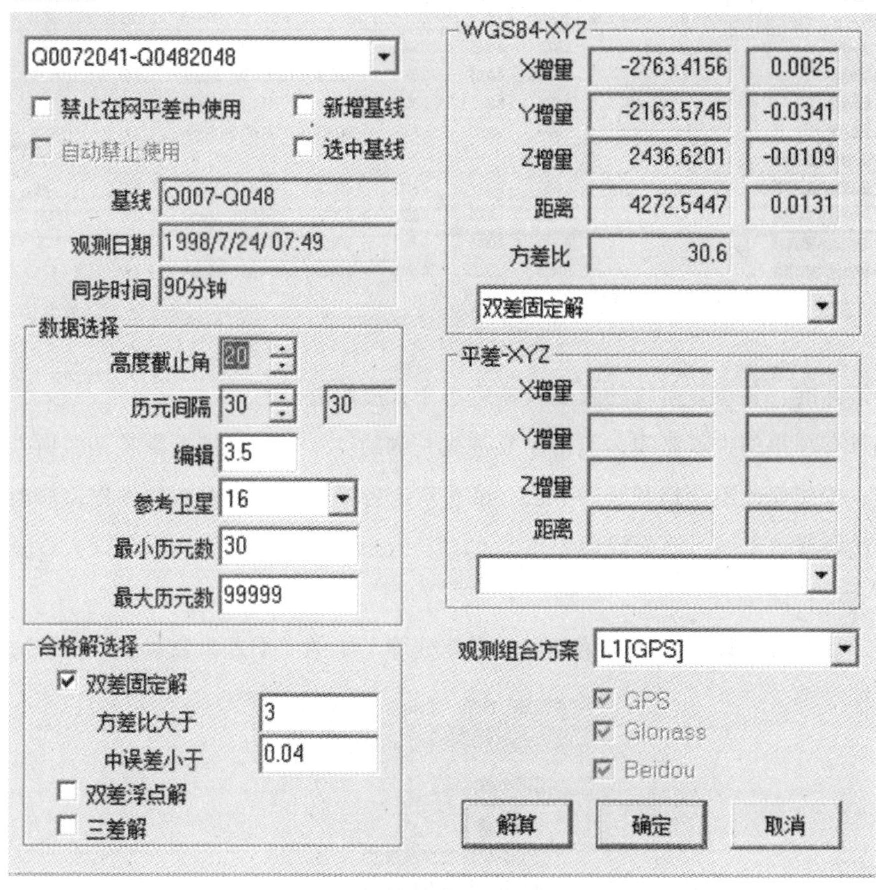

图 5-21 解算闭合环所对应的基线

解算后，观察该闭合环的 X 闭合差、Y 闭合差、Z 闭合差是否小于分量限差，边长闭合差是否小于闭合限差。如果满足要求，则闭合环合格，质量栏的“×超限”会变为“合格”或“检查”。如果仍不合格，则再修改第 2 条、第 3 条基线，直至满足要求为止，如图 5-22 所示。

异步环	合格...	共3条基线:	07月24日09时	5165.155	-2.5975	11.0882	7.8337	13.8225	2.676Ppm	17.97	31.13
		Q0092052-Q049...	1998年07月2...	2011.033	1306.5004	1038.6724	-1121.8168	固定解			
		Q0072052-Q049...	1998年07月2...	1674.923	-132.1872	873.1917	-1423.1770	固定解			
		Q0092041-Q007...	1998年07月2...	1479.197	1438.6850	165.4918	301.3680	固定解			

图 5-22 处理闭合环所对应的基线

应保证修改完成的闭合环的不合格率小于 10%。修改过程需要进行不断尝试和调整，花费一定的时间和精力，请同学们耐心认真处理。

（2）处理重复基线

打开重复基线列表（图 5-23），检查各重复基线的质量情况，是否超限。

基线名	观测时间	质量	中误差	X(m)	Y(m)	Z(m)	基线长	相对误差	长度较差(mm)	长度限差(mm)
重复基线			0.0007	0.0025	0.0115	0.0075	1479.1970	0.5ppm	0.68	9.46
重复基线			0.0007	0.0005	0.0074	0.0019	2769.4505	0.2ppm	0.68	11.55
重复基线			0.0101	0.0015	0.0087	0.0104	4741.4951	2.1ppm	10.10	15.87
重复基线			0.0014	0.0030	0.0014	0.0003	1674.9232	0.9ppm	1.43	9.72
剔除基线后重复基线										
剔除基线后重复基线			0.0007	0.0025	0.0115	0.0075	1479.1970	0.5ppm	0.68	9.46
剔除基线后重复基线			0.0007	0.0005	0.0074	0.0019	2769.4505	0.2ppm	0.68	11.55
剔除基线后重复基线			0.0101	0.0015	0.0087	0.0104	4741.4951	2.1ppm	10.10	15.87
剔除基线后重复基线			0.0014	0.0030	0.0014	0.0003	1674.9232	0.9ppm	1.43	9.72

图 5-23　重复基线列表

合格标准：各重复基线的长度较差应小于长度限差。

如果有超限的重复基线，点击重复基线左侧的“+”号，展开重复基线所涉及的 2 条基线，按照修改不合格基线的方法，依次双击各基线，进入基线属性框，修改各项参数，再次解算该基线，直至满足要求为止。

第七步：网平差。

（1）平差参数设置。点击菜单中“平差处理”中的“平差参数设置”（图 5-24）。

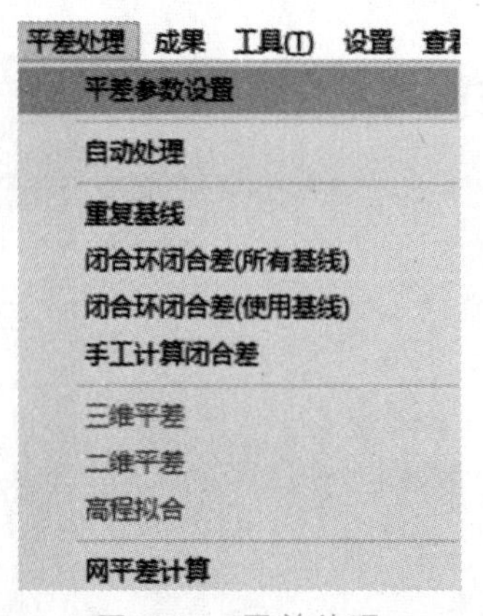

图 5-24　平差处理

（2）在平差参数设置中勾选“进行已知点与坐标系匹配检查”（图 5-25）。

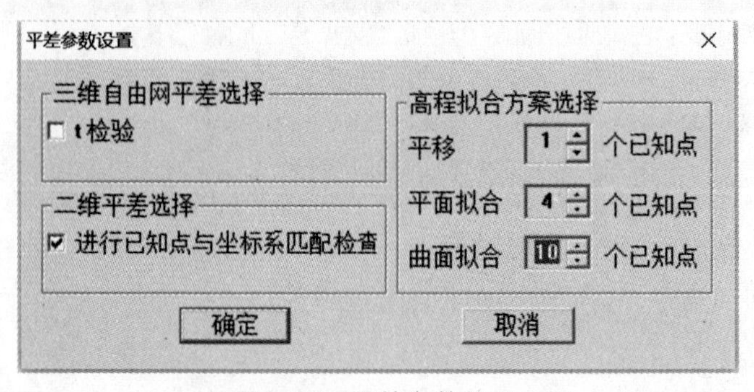

图 5-25　平差参数设置

（3）点击菜单中“自动处理”和“三维平差”，完成三维平差（图 5-26）。

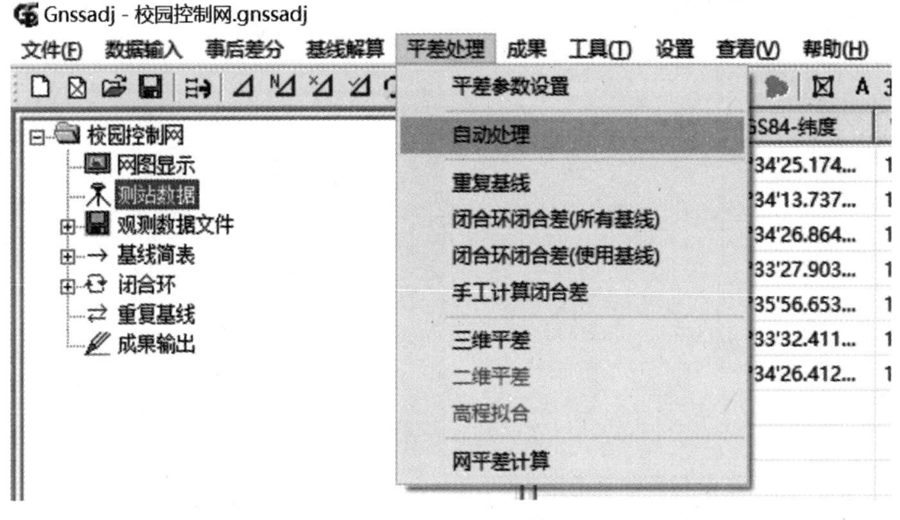

图 5-26　三维平差

（4）输入已知控制点坐标，如图 5-27 和图 5-28 所示。

测站ID	WGS84-纬度	WGS84-经度	WGS84-高...	已知点X	已知点Y	已知高程	大地高	测站点名	WGS84-X	WGS84-Y	WGS84-Z
Q007	30°34'25.17410"N	104°16'13.17153"E	478.4900					Q007			
Q009	30°34'13.73710"N	104°17'07.27053"E	598.2300					Q009			
Q036	30°34'26.86410"N	104°13'23.44654"E	542.9700					Q036			
Q041	30°33'27.90311"N	104°14'41.92254"E	548.2200					Q041			
Q048	30°35'56.65310"N	104°18'13.69553"E	500.4800					Q048			
Q049	30°33'32.41111"N	104°16'09.42053"E	542.0400					Q049			
Q050	30°34'26.41210"N	104°13'00.58154"E	585.4000					Q050			

*已知点.txt - 记事本

点号	X	Y	H
Q048	3386741.329	433242.996	510.480
Q050	3384017.040	424882.189	597.522

图 5-27　设置已知点坐标数据

测站ID	WGS84-纬度	WGS84-经度	WGS84-高...	已知点X	已知点Y	已知高程	大地高	测站点名	WGS84-X	WGS84-Y	WGS84-Z
Q007	30°34'25.17410"N	104°16'13.17153"E	478.4900					Q007			
Q009	30°34'13.73710"N	104°17'07.27053"E	598.2300					Q009			
Q036	30°34'26.86410"N	104°13'23.44654"E	542.9700					Q036			
Q041	30°33'27.90311"N	104°14'41.92254"E	548.2200					Q041			
Q048	30°35'56.65310"N	104°18'13.69553"E	500.4800	3386741....	433242.996	510.480		Q048			
Q049	30°33'32.41111"N	104°16'09.42053"E	542.0400					Q049			
Q050	30°34'26.41210"N	104°13'00.58154"E	585.4000	3384017.04	424882.18	597.522		Q050			

图 5-28　输入已知点坐标数据

（5）继续点击菜单“平差处理”中的“二维平差”，完成后续平差，如图 5-29 所示。

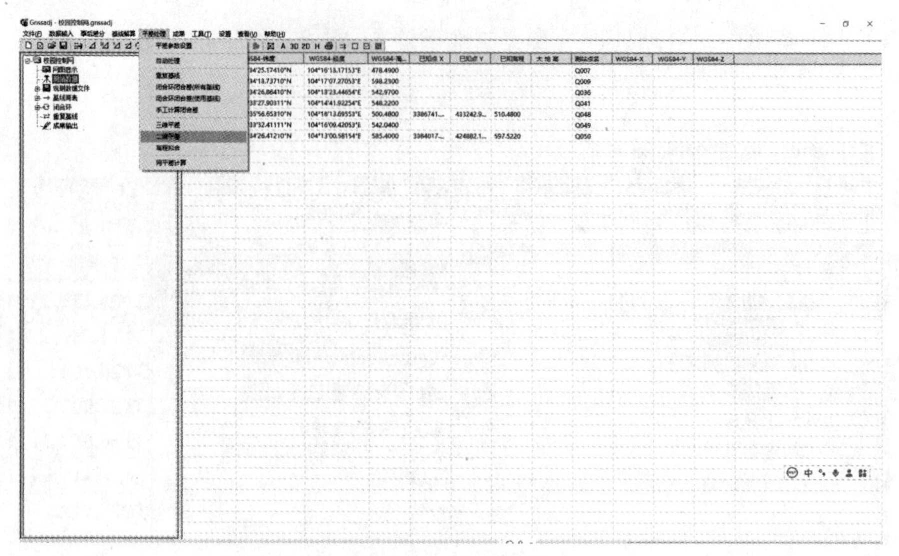

图 5-29　二维平差

第八步：查看平差报告，如图 5-30 所示。

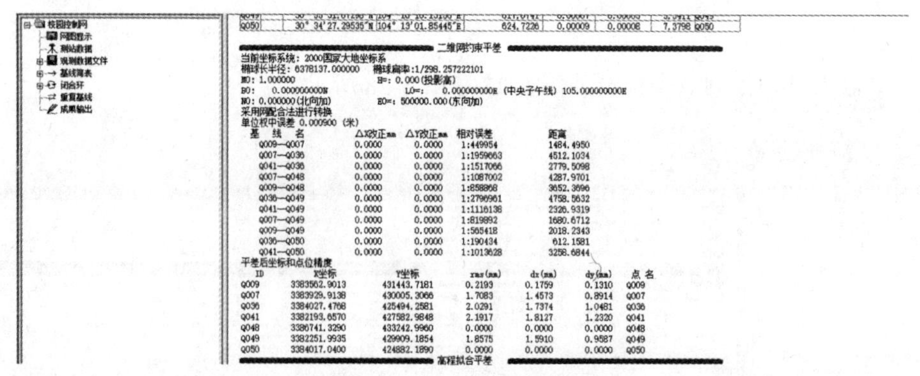

图 5-30　查看平差报告

数据合格标准：基线中误差≤20 mm；点位中误差≤10 mm；同步环闭合差、异步环闭合差、重复基线较差的合格率均≥90%。

第九步：提交最终成果。

5. 上交资料

实验完成后，每人提交如下材料：

（1）项目文件（GNSSadj 格式）；

（2）平差报告（doc 格式）；

（3）操作过程文档（doc 格式），分步骤说明数据处理的详细操作过程，关键步骤应附上操作截图；

（4）RINEX 文件；

（5）观测数据文件（补测或重测的数据）。

实训 6　编写 GNSS 测量技术总结

1. 实验目的与要求

掌握 GNSS 控制测量技术总结的编写方法。

2. 仪器与工具

（1）GNSS 数据处理软件；
（2）记录纸、铅笔、计算器等工具自备；
（3）点之记，外业观测表；
（4）计算机。

3. 实训内容

学习和掌握 GNSS 测量技术设计总结、选点、外业观测计划、外业观测、数据传输及格式转换、基线解算、网平差、检查报告。

4. 实验方法与步骤

1）任务来源及工作量

包括 GNSS 测量项目的来源、下达任务的项目、用途及意义；GNSS 测量点的数量（包括新定点数、约束点数、水准点数、检查点数）；GNSS 点的精度指标及坐标、高程系统。

2）测区概况

测区隶属的行政管辖；测区范围的地理坐标，控制面积；测区的交通状况和人文地理；测区的地形及气候状况；测区控制点的分布及对控制点分析、利用和评价。

3）施测单位及人员设备

依据测区分布特点和实际的交通情况，以及现有的交通工具，根据实际情况做好工作安排和及时的人员设备调配。

施测单位：配备管理人员和专业测量技术人员。

仪器设备：交通与通信工具。

4）作业依据

相关规范、测量任务书、合同。

5）选点与埋标

GNSS 点位的基本要求；点位标志的选用及埋设方法；点位的编号等。

6）观　测

对观测工作的基本要求；观测纲要的制定；数据采集需注意的问题。

7）数据处理

数据处理的基本方法及使用的软件，起算点坐标的决定方法，闭合差检验及点位精度的评定指标。

8）质量检查与成果验收

对成果质量实行自检措施，即作业组自检、作业组互检和作业单位质量管理部门检查，作业中严格执行相关规定，发现问题，及时制定对策，以保证各项产品精度符合规范、规程、技术设计书和相关规定精度指标，保证各项成果准确无误。

5. 上交资料

（1）测量任务书、技术设计书；

（2）点之记、选点资料；

（3）GNSS 接收机、气象的检验资料；

（4）全部外业观测记录、测量手簿及其他记录；

（5）数据处理中生成的文件、资料和成果表；

（6）平面控制网图；

（7）技术总结和成果验收报告。

实训 7　GNSS-RTK 图根控制测量

1. 任务概况

为熟悉华测 Recon 电子手簿内的 WinCE 操作系统；掌握测地通软件使用方法；掌握利用电子手簿设置 GNSS 接收机；掌握利用电子手簿配置 DL3 电台。在该项目中须完成如下任务：

（1）架设基准站；

（2）配置坐标系统；

（3）新建工程；

（4）设置基准站；

（5）安装流动站；

（6）设置流动站；

（7）点校正；

（8）RTK 图根控制测量。

2. 器材准备与人员组织

1）器材准备

（1）基准站仪器：华测 X90 基准站接收机、DL3 电台、蓄电池、加长杆、电台天线、电台数传线、电台电源线、三脚架、基座、加长杆铝盘。

（2）流动站仪器：华测 X90 流动站接收机、棒状天线、碳纤对中杆、手簿、托架、华测 Recon 电子手簿（手簿测量软件为 LandStar）。

2）实训场地

GNNS 测量实训场。

3）人员组织

按照 GNSS 接收机的台数分若干组进行，建议每组 5 人。

3. 任务实施要求

1）架设基准站

参照实训 1 架设基准站，打开基准站 GNSS 接收机和电台，因为华测 GNSS 接收机开机后默认为动态模式，所以不用再切换。

2）配置手簿

（1）使用蓝牙连接基准站 GNSS 接收机。

（2）建立新工程。

① 新建工程

启动测地通软件，进入软件主界面（图 7-1）。点击主界面中的工程管理，点击【新建】，弹出新建工程对话框，如图 7-2 所示。在“工程名”中输入工程名称；“作者”中输入操作员的姓名；“日期”默认是当地时间；“时区”是指当地时间和 GPS 时间相差的时区，可以在下拉列表中选择 - 12 时区到 + 14 时区。

也可套用工程，在工程管理输入新建工程名称，选中“套用工程”选择“A”即可完成新建任务并套用参数功能。套用工程的目的是套用工程中的坐标系及转换参 数，这样在多个工地来回作业时，参数选取变得更加简单直观。操作如下：第一天有任务 A，做过点校正，第二天新建任务时想继续使用这个校正参数。

图 7-1　测地通主界面

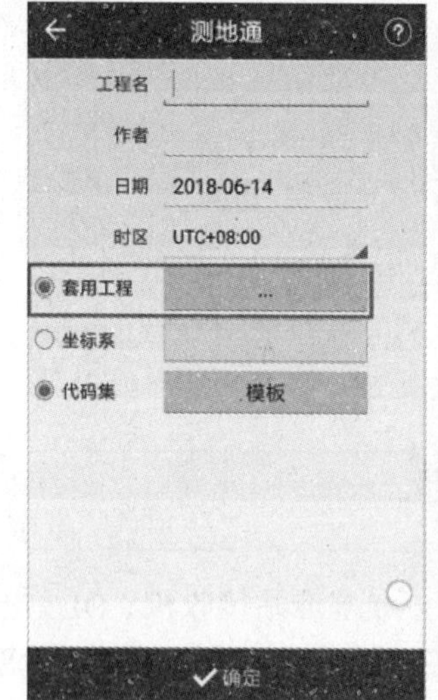

图 7-2　套用工程示意图

② 坐标系参数

坐标参数转换

点击主界面中的“坐标系参数”，坐标系参数中包含：椭球、投影、基准转换、平面校正、高程拟合、校正参数（图 7-3）。根据实际情况，进行坐标系的设置。选择已有坐标系进行编辑（主要是修改中央子午线，如标准的北京 54 坐标系一定要输入和将要进行点校正的已知点相符的中央子午线），或新建坐标系，输入当地已知点所用的椭球参数及当地坐标的相关参数，而基准转换、水平平差、垂直平差都选“无”；当进行完点校正后，校正参数会自动添加到水平平差和垂直平差；如果已有转换参数可在基准转换中输入七参数或三参数。

当设置好后，点击“接受”，即会替代当前任务里的参数，这样测量的结果就为经过转换的。

当新建一个工程后则可以不需要重新作点校正，它会自动套用上一个任务的参数，到下一个测区新建工程后直接作点校正即可，选择“保存”会自动替代当前任务参数。

图 7-3　坐标系参数设置

（3）启动基准站（以自启动基准站，外挂电台模式为例）

① 点击“配置”中的“工作模式”（图 7-4）。

【是否开启 RTK】选择“是”开启 RTK 模式，否则关闭。

【工作方式】设置接收机当前的工作状态，可设置为：自启动移动站、自启动基准站、手动启动基准站。

【数据链】设置接收当前的工作方式，可选择电台、网络、手簿网络。

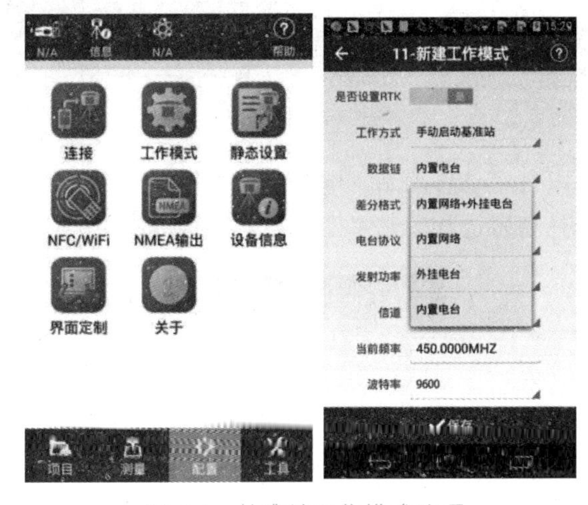

图 7-4　基准站工作模式选项

② 启动基准站接收机

工作方式：选择自启动基准站。

数据链：选择外挂电台，此处也可以选择内置网络 + 外挂电台（选此数据链可完成网络和外挂电台的任意切换）。

差分格式：包含 CMR/CMR + /RTCM2.X/RTCM3.X/RTCM3.2（三星）/SCMR（三星），选择一种即可。

波特率：包含 9 600、38 400、19 200 等，使用华测仪器时波特率选择 9600；

高度截止角：接收机锁定卫星区域边缘与水平线的夹角，一般设置值为 13°，但可以根据卫星的分布状态和接收机的作业区域更改。

点击保存，软件会弹出“请给模式命名”的提示，此时输入名称，如：自启动基准站-外挂电台模式。命名完成之后点击确定，软件会提示“模式创建成功”，点击确定。

此时刚刚新建的模式会出现在常用模式列表下，选择该模式，点击接收，软件会提示“是否接受此模式？”，点击确定，软件提示“接受此模式成功！”（图 7-5），点击确定，即完成自启动基准站-外挂电台模式下的设置。

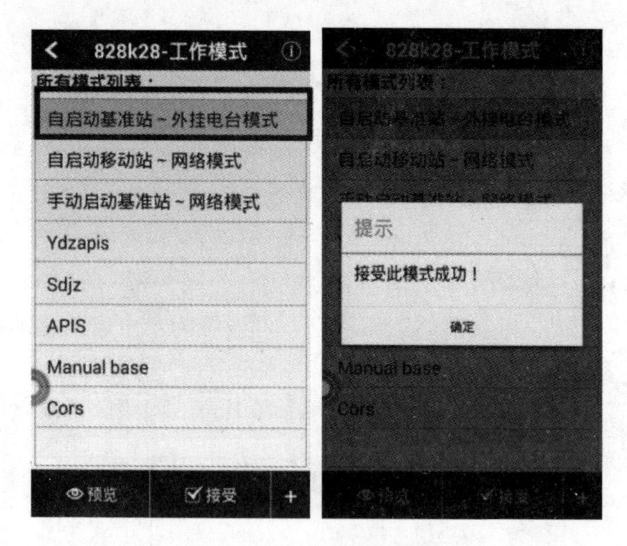

图 7-5　启动基准站成功

3）配置流动站（以自启动移动站，电台模式为例）

① 工作方式：选择自启动移动站（图 7-6）；

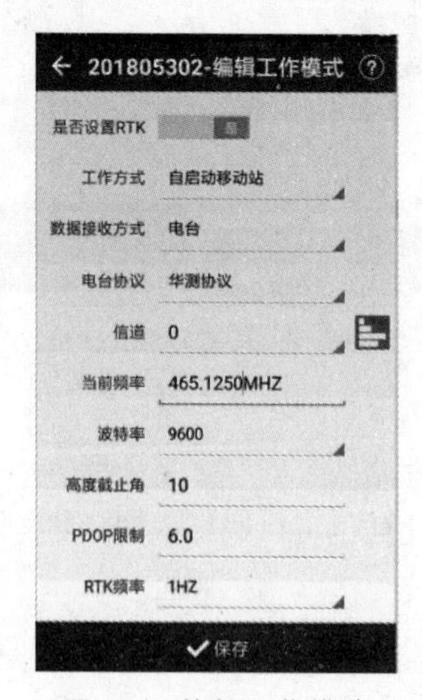

图 7-6　编辑工作模式

② 数据发送方式：电台；

③ 电台协议：可选择华测协议（使用华测电台时选择此协议），TT450S 协议，透明传输协议，Southradio，ZHDradio，CHC352。电台协议选择 Southradio、ZHDradio 后下方出现对应协议的信道列表（图 7-7）；

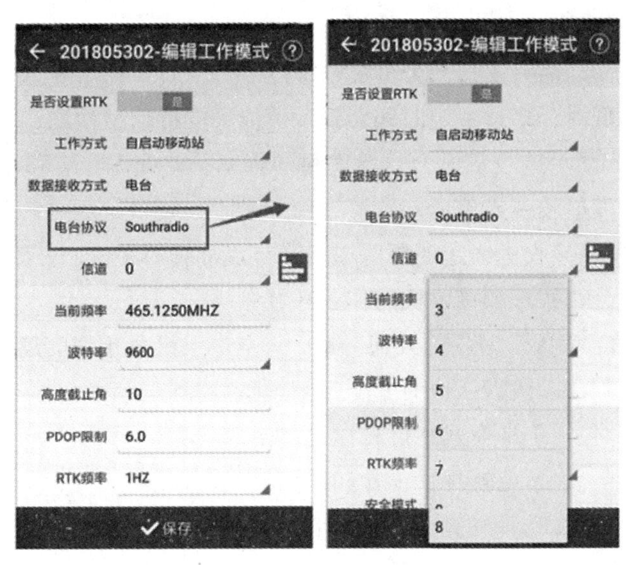

图 7-7 .编辑电台协议

④ 信道：支持 0 ~ 99 信道，1 ~ 99 信道为对应接收机频率范围的固定频率值，0 信道可以自由设定对应接收机频率范围的符合步长设置的频率值；

信道检测功能：点击信道旁边的图标即可进行信道检测，目前只支持 1 ~ 9 信道的检测（图 7-8）。

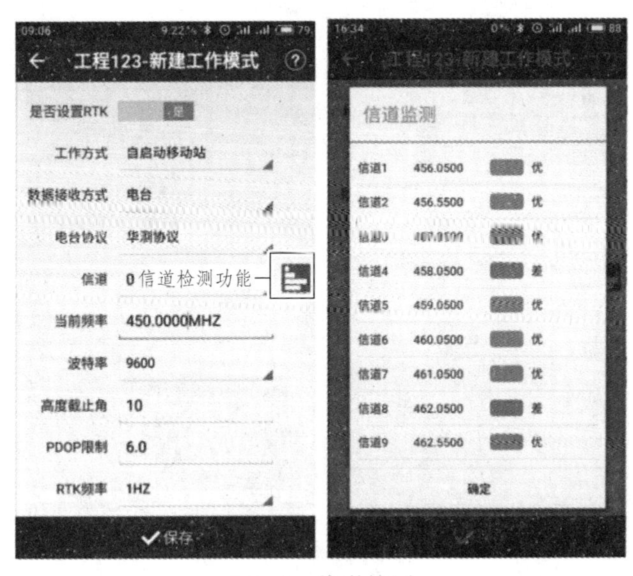

图 7-8 信道检测

检测结果分为三种：

优：当前信道质量好，建议使用该信道。

良：当前信道质量一般，不建议使用该信道。

差：当前信道质量差，不能使用该信道。

检测信道结果为优，则可以放心使用。

注意：信道检测功能只支持部分 i80/X10/T8/M7/i70/X9/T7/M6 主机且主机固件是 6 期以上，当版本过低时，超过一定时间会提示可能不支持信道检测；

⑤ 当前频率：显示接收机电台目前发射的频率，此处需注意移动站的工作频率或信道与基站电台的发射频率或信道一致；

⑥ 高度截止角：接收机锁定卫星区域边缘与水平线的夹角，一般设置值为 13 度，但可以根据卫星的分布状态和接收机的作业区域更改；

⑦ *PDOP* 限值：归因于卫星的几何分布，天空中卫星分布程度越好，定位精度越高（数值越小精度越高），一般默认值为 6。

⑧ 安全模式：包括正常模式和可靠模式；

⑨ 电离层模型：包括免打扰，正常和打扰；

⑩ 提示基站变化：选择“是”，基站有变化时，软件会有变化提示；选择“否”，则没有提示；

⑪ 点击保存，软件会弹出“请给新模式命名！”的提示，此时输入名称，如：自启动移动站-电台模式。命名完成之后点击确定，软件会提示“模式创建成功”，点击确定；

⑫ 此时刚刚新建的模式会出现在常用模式列表下，选择该模式，点击接受，软件会提示“是否接受此模式？”，点击确定，软件提示“接受此模式成功！”，点击确定，即完成自启动移动站-电台模式下的设置（图 7-9）。

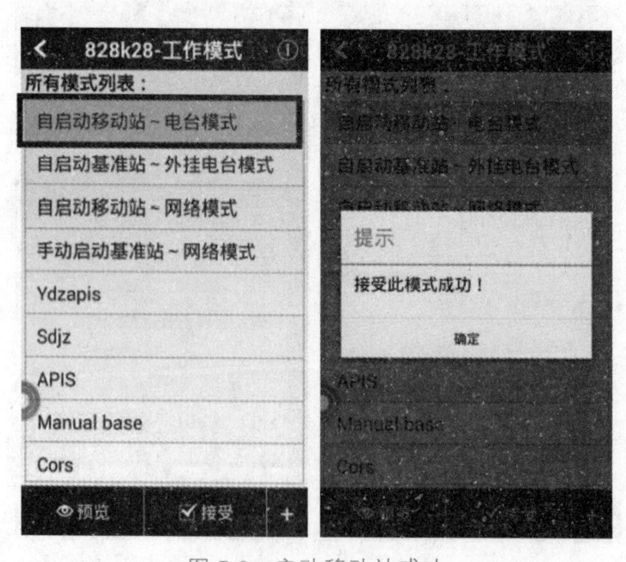

图 7-9　启动移动站成功

4）点校正

点校正就是求出 WGS-84 坐标系和当地平面直角坐标系统之间的数学转换关系（转换参数）。步骤如下：

（1）测量已知点，找到已知点的实地位置进行测量，如 K1、K2、K3、K4。2、测出的四个点坐标分别命名为：1、2、3、4，四个点必须在同一个基准下，测量后开始进行点校正。

（2）点击【测量】—【点校正】进入点校正界面（图 7-10）。

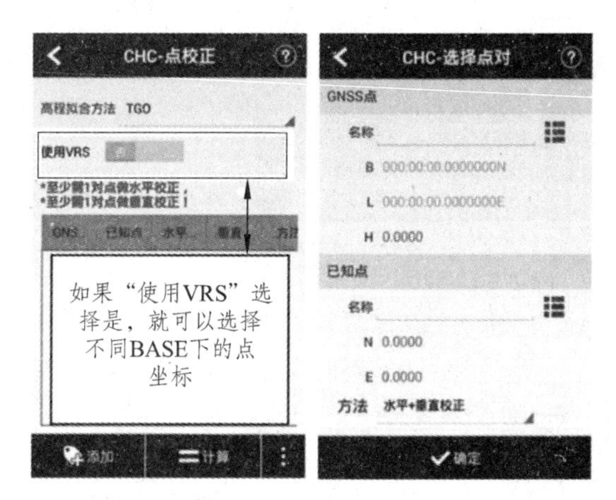

图 7-10 执行点校正

高程拟合方法包括：固定差、平面拟合、曲面拟合、TGO 方法：

固定差：即平移，至少一个起算点；

平面拟合：至少要求三个起算点；

曲面拟合：至少要求五个起算点；

TGO 方法：天宝 TGO 软件的高程转换模型，包括五个参数：北原点、东原点、北斜坡、东斜坡、高差常量。

（3）点击【添加】，选择 GNSS 点和已知点，校正方法选中“水平 + 垂直”。高程拟合方法默认为固定差，可根据实际情况进行选择，增加点对最好在 3 对点以上。

（4）点击【计算】，软件提示“平面校正成功、高程拟合成功”，点击【应用】之后提示“是否替换工程当前工程参数”，选择“是”会将当前计算的校正参数应用到坐标系参数中，对整个工程任务生效，用户登录查看平面校正和高程拟合参数，否则参数不显示。

5）控制测量

RTK 差分解有几种类型，单点定位表示没有进行差分解；浮动解表示整周模糊度还没有固定；固定解表示固定了整周模糊度。

固定解精度最高，通常只有固定解可用于测量。固定解又分为宽波固定和窄波固定，分别用蓝色和黑色表示。蓝色表示的宽波解的 *RMS* 通常为 4 cm 左右，建议在距离较远，精度要求不高的情况下采用。黑色表示的窄带解的 *RMS* 通常为 1 cm 左右，为精度最高解，但距离较远时，RTK 为得到窄带解通常需要较长的初始化时间，比如，超过 10 km 时，初始化时间可能会大于 5 min。

（1）RTK 控制测量采集方法：RTK 控制测量为得到更高的测量精度，观测时通常采用三角支架方式对中、整平，测地通软件支持一个控制点进行多测回测量，然后保存其平均值。在设置界面设置重复测量次数，测量间隔和固定延时等默认即可，显示报告打钩，即可在工程文件下生成控制点测量报告（html 格式），见图 7-11。

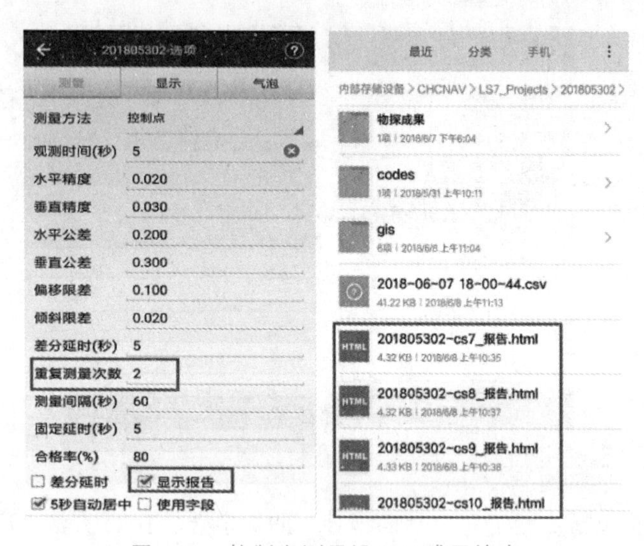

图 7-11　控制点测量设置及成果输出

（2）RTK 测量的主要技术要求

① RTK 平面测量按精度划分为四等一级、二级、三级，布设的平面 RTK 控制点应满足扩展的需要。RTK 测量的平面点位中误差（相对于起算点）不得大于 ± 5 cm。技术要求应符合表 7-1 的规定。

表 7-1　RTK 平面控制点测量主要技术要求[①]

等 级	相邻点间距离/m	点位中误差/cm	边长相对中误差	与参考站的距离/km	观测次数	起算点等级
一级	≥500	≤±5	≤1/20 000	≤5	≥4	四等及以上
二级	≥300	≤±5	≤1/10 000	≤5	≥3	一级及以上
三级	≥200	≤±5	≤1/6 000	≤5	≥2	二级及以上

注：① 点位中误差指控制点相对于起算点的误差。
② 采用单参考站 RTK 测量一级控制点需更换参考站进行观测，每站观测次数不少于 2 次。
③ 采用网络 RTK 测量各级平面控制点可不受流动站到参考站距离的限制，但应在网络有效服务范围内。

① 表 7-1～表 7-4 和表 8-1 数据出自《卫星导航定位基准站网络实时动态测量（RTK）规范》（GB/T 39616—2020）

② RTK 测量布设控制点时应符合下列规定：

a. 同一地区应布设 3 个以上或 2 对以上的 RTK 控制点。

b. 应采用三角支架方式架设天线进行作业；测量过程中仪器的圆气泡应严格稳定居中。

c. 平面控制点应进行 100%外业校核，校核可按图形校核或进行同精度导线串测，测量技术要求应符合表 7-2 规定。

表 7-2 RTK 平面控制点检测精度要求

等级	边长校核		角度校核		坐标校核
	测距中误差/mm	边长较差的相对误差	测角中误差/(″)	角度较差限差/(″)	坐标较差中误差/cm
一级	≤±15	≤1/14 000	≤±5	14	≤±5
二级	≤±15	≤1/7 000	≤±8	22	≤±5
三级	≤±15	≤1/4 500	≤±12	34	≤±5

③ RTK 高程测量的主要技术要求应符合表 7-3 的规定。

表 7-3 RTK 高程控制点测量主要技术要求

等 级	高程中误差/cm	与基准站的距离/km	观测次数	起算点等级
五等	≤±3	≤5	≥3	四等水准及以上

④ RTK 高程检测的技术要求应符合表表 7-4 的规定。

表 7-4 RTK 高程控制点检测精度要求

等级	检核高差/mm
五等	$\leqslant 40\sqrt{D}$

注：D 为检测线路长度，以 km 为单位。

4. 思考题

（1）新建任务后，是否可以不保存，如果不保存会有什么后果？

（2）若流动站无线电台的频率和模式与基准站不一致，会发生什么情况？

（3）基准站启动方式有几种？分别选用什么？

（4）如果在启动基准站时，软件显示“启动基准站失败”，如何处理？

学习心得

实训 8　GNSS-RTK 地形与地籍测量

1. 任务概况

在该实训项目须完成如下任务：

RTK 数据采集

（1）基准站架设；

（2）启动基准站；

（3）新建任务；

（4）确定坐标系统；

（5）安装流动站；

（6）设置流动站；

（7）点校正；

（8）点位测量。

RTK 数字测图

2. 器材准备与人员组织

1）器材准备

（1）基准站仪器：华测 X90 基准站接收机、DL3 电台、蓄电池、加长杆、电台天线、电台数传线、电台电源线、三脚架、基座、加长杆铝盘。

（2）流动站仪器：华测 X90 流动站接收机、棒状天线、碳纤对中杆、手簿、托架、华测 Recon 电子手簿（手簿测量软件为 LandStar）。

（3）实训场地：GNSS 测量实训场。

2）人员组织

按照 GNSS 接收机的台数分若干组进行，建议每组 5 人。

3. 实训步骤

（1）基准站到移动站的架设环节，从架设基准站、配置坐标系统、新建工程、设置基准站、安装流动站、设置流动站到点校正步骤，同实训 7。

（2）地形地籍碎部点测量。移动站在固定状态下，打开测地通，【测量】—【点测量】，在实际作业过程中，通过点校正，转换到当地坐标系。

（3）RTK 数字测图的基本要求：

① 基准站工作期间，工作人员不能远离，要间隔一定时间检查设备工作状态，对不正常情况及时作出处理。

② 由于基准站除了 GPS 设备耗电外，还要为 RTK 电台供电，可采用双电源电池供电，或采用汽车电瓶供电。条件许可时，可采用 12 V 直流调变压器直接同市政电网连接供电。

③ 在信号受影响的点位，为提高效率，可将仪器移到开阔处或升高天线，待数据链锁定后，再小心无倾斜地移回待定点或放低天线，一般可以初始化成功。

④ RTK 作业期间，基准站不允许下列操作：关机又重新启动；进行自测试；改变卫星高度截止角、仪器高度值、测站名等；改变天线位置；关闭文件或删除文件等。

⑤ 控制点测量中，接收机天线姿态要尽量保持垂直（流动杆放稳、放直）。一定的斜倾度，将会产生很大的点位偏移误差。如当天线高 2 m，倾斜 10°时，定位精度可影响 3.47 cm。

⑥ RTK 观测时要保持坐标收敛值小于 5 cm。

⑦ RTK 作业应尽量在天气良好的状况下作业，要尽量避免雷雨天气。夜间作业精度一般优于白天。

⑧ RTK 工作时，参考站可记录静态观测数据，当 RTK 无法作业时，流动站转化快速静态或后处理动态作业模式观测，以利后处理。

⑨ 在一个连续的观测段中，应对首尾的测量成果进行检验。检验方法为在已知点上进行初始化并复测（两次复测之间必须重新进行初始化）

（4）RTK 地形碎部测量主要技术要求应符合表 8-1 规定。

表 8-1　RTK 地形测量主要技术要求

等　级	点位中误差（图上）/mm	高程中误差	与基准站的距离/km	观测次数	起算点等级
碎部点	≤±0.3	相应比例尺成图要求	≤10	1	平面图根、高程五等以上

注：① 点位中误差指控制点相对于起算点的误差。
② 采用网络 RTK 测量可不受流动站到参考站间距离的限制，但宜在网络覆盖的有效服务范围内。

（5）成果输出

成果输出的作用为把点坐标导出为需要的格式，坐标类型支持平面及经纬度两种，用于地形或地籍图的绘制。

点击主界面【导出】，软件会把需要导出的点导出在手簿内存中的某一路径下，可通过同步软件将文件复制到电脑上。

【导出点类型】：用户可选择导出点类型包括输入点，测量点，基站点，计算点四种（图 8-1）。

【时间】可通过设定起始时间和截止时间选择要到导出的点。

【坐标系统】可选择平面或经纬度。

【文件类型】txt、csv 类型的文件格式，多种固定排列格式可选，能满足大部分客户需求，用户也可自定义文件格式。

【路径】选择文件导出路径。

图 8-1　测量点导出示意图

4. 思考题

（1）简述 GNSS-RTK 技术用于地形测量的作业流程。

（2）坐标转换的意义是什么？

学习心得

实训 9　GNSS-RTK 施工测量

1. 任务概况

为掌握利用 RTK 进行工程施工放样的过程、了解点放样方法、直线放样的方法，在该项目中须完成如下任务：

（1）新建任务；

（2）已知数据输入；

（3）点放样。

RTK 放样

2. 器材准备

（1）基准站仪器：华测 X90 基准站接收机、DL3 电台、蓄电池、加长杆、电台天线、电台数传线、电台电源线、三脚架、基座、加长杆铝盘。

（2）流动站仪器：华测 X90 流动站接收机、棒状天线、碳纤对中杆、手簿、托架、华测 Recon 电子手簿（手簿测量软件为 LandStar）。

3. 任务实施要求

RTK 放样方法

1）新建工程

架设基准站和流动站仪器，打开手簿的测绘通软件。新建任务，启动基准站和流动站，进行点校正。当进入“固定”状况，可以进入碎部测量阶段。

2）点的放样

添加待放样点，方法：单击点库（点名左边按钮）进入待放样点库，选择“添加”，在弹出菜单中选择一种增加的类型（例如待放样点为输入或导入，选择“所有输入点及导入点”）。待放样点增加后，选中目标点点击确定或双击目标点开始放样。

【箭头】箭头实时指向目标点方向，按箭头指示方向前进即可找到目标点。

【文本表述】可显示前后左右和东南西北两种，在文本框上水平方向滑动切换提示方式。

【距目标】指当前位置与目标点的平面距离（图 9-1）。

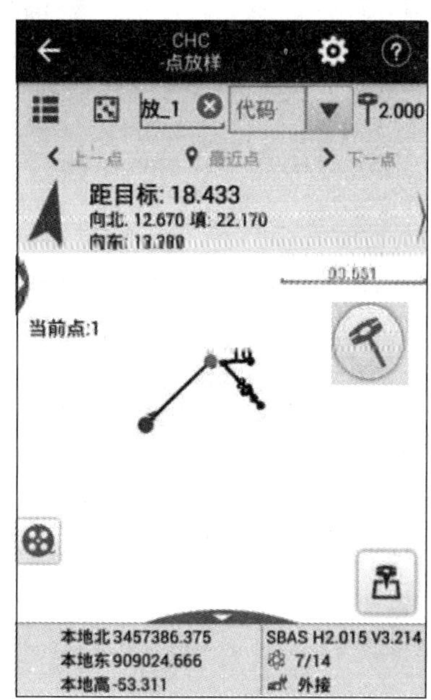

图 9-1　点放样界面

3）线的放样

线放样支持直线、折线、圆弧、圆四种线型放样，新建线在点名左边的线管理中。

直线放样时默认是放样到线上（此时里程界面显示“放样到线”，后面按钮显示放样到线）。即引导我们走到距当前点最近的直线上某一点。如果使用其他功能后想再回到放样到线，删除输入的里程即可。

箭头指示：在手簿电子罗盘开启时，指示箭头一直指向目标方向，沿箭头方向可找到目标。

文本指示：共有四种指示方式（均显示距目标点距离），在文本指示框中左右滑动来切换。

（1）前后左右、高差。

（2）东南西北、高差。

（3）横偏纵偏、里程、高差。

（4）距起点距离、高差；距终点距离、高差。

操作方法如下：

线放样支持“两点式”和“一点 + 方位角 + 距离”。

（1）新建项目；

（2）点击主界面，点击“放样”，再点击“线放样”，出现线放样界面，首先设置放样参数：

① 设置放样参数。

② 从坐标库中选点；点名：可自定义修改；代码：可直接输入。

③ 放样指示，实时显示当前位置，在现场可以根据箭头提示寻找目标（图 9-2）。

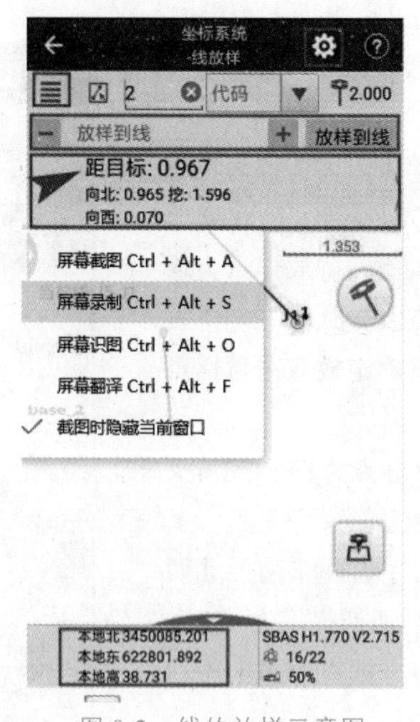

图 9-2　线的放样示意图

4）面的放样

面放样支持.hct 文件和.rod 文件。.hct 文件为面文件；.rod 文件为道路文件中的纵、横断面文件。

如果主界面有提示“计算设计高失败”意思是当前位置不在这个区域。

面文件存放路径：CHCNAV/LS7_projects 文件夹下（图 9-3）。

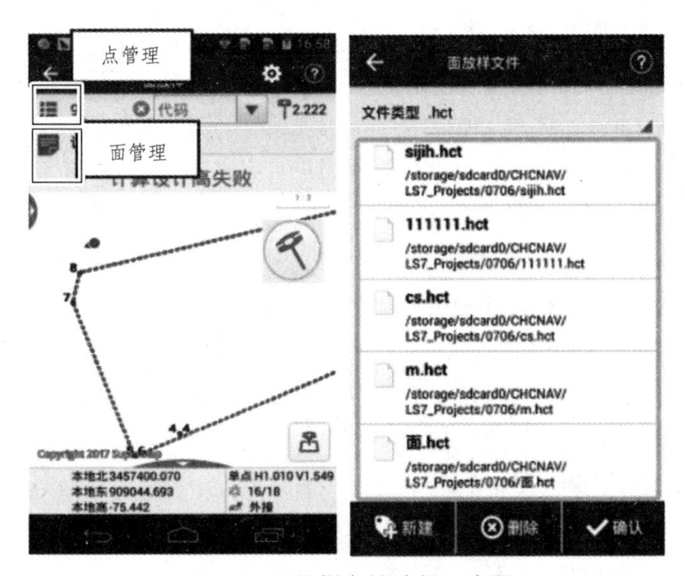

图 9-3　面放样存放路径示意图

点击面管理，弹出面放样文件页面，文件类型默认.hct 文件，可以打开已有的面文件，也可以新建。新建面方法如下：

（1）点击新建，依次添加点坐标，也可以选择库选坐标，点击确定，输入面放样（图 9-4）。

图 9-4　面放样项目的创建

（2）文件名称确认，选中当前新建的面文件确认，面文件成功添加到面放样界面中，然后再按照点放样的放样完成面放样的过程。

5）技术标准

（1）放样主要进行下列 RTK 工作：

① 测线设计（既可在计算机上设计，也可在手簿上设计）。

② 基准站设置和参数输入。

③ 流动站设置和参数输入。

④ 按设计测量和采点（线路放样时测线上按线路测量和采点）。

⑤ 查看卫星可见状况显示，自动接受或用户自定义容差，均方根误差（*RMS*）显示；

⑥ 图解式放样，通过前后、左右偏距控制，能快速完成放样工作。

⑦ 存储点名、点属性与坐标。

（2）为了检验当前站 RTK 作业的正确性，必须检查 1 个以上的已知控制点，或已知任意地物点、地形点，当检核在设计限差要求范围内时，方可开始 RTK 测量。

（3）RTK 作业应尽量在天气良好的状况下作业，要尽量避免雷雨天气。夜间作业精度一般优于白天。

（4）RTK 作业前要进行严格的卫星预报，选取 $PDOP<6$，卫星数>6 的时间窗口。编制预报表时应包括可见卫星号、卫星高度截止角和方位角、最佳观测卫星组、最佳观测时间、点位图形几何图形强度因子等内容。

（5）开机后经检验有关指示灯与仪表显示正常后，方可进行自测试并输入测站号（测点号）、仪器高等信息。接收机启动后，观测员可使用专用功能键盘和选择菜单，查看测站信息接收卫星数、卫星号、卫星健康状况、各卫星信噪比、相位测量残差实时定位的结果及收敛值、存储介质记录和电源情况，如发现异常情况或未预料情况，及时作出相应处理。

（6）在一个连续的观测段中，应对首尾的测量成果进行检验。检验方法如下：

① 在已知点上进行初始化；

② 复测（两次复测之间必须重新进行初始化）。

（7）每放样 1 个点后都应及时进行复测，所放点的坐标和设计坐标的差值不超过 2 cm。

（8）把已知数据编辑成要求的指定格式，扩展名为*.txt 或者*.pt，在把编辑好的文件复制到当前任务所在的目录下，在测地通软件中进入点坐标导入文件，进行选择即可。

4. 思考题

（1）简述放样数据预处理方法和导入过程。

（2）简述放样结束后的放样质量检测方法。

图书在版编目（CIP）数据

GNSS定位测量技术：含实训手册. 2，GNSS定位测量技术实训手册 / 郭涛，陈志兰，吴永春主编. —成都：西南交通大学出版社，2022.8

校企合作双元开发新形态信息化教材. 高等职业教育“十四五”测绘工程技能型人才培养规划教材

ISBN 978-7-5643-8880-5

Ⅰ. ①G… Ⅱ. ①郭… ②陈… ③吴… Ⅲ. ①卫星导航－全球定位系统－高等职业教育－教材 Ⅳ. ①P228.4

中国版本图书馆CIP数据核字（2022）第157948号